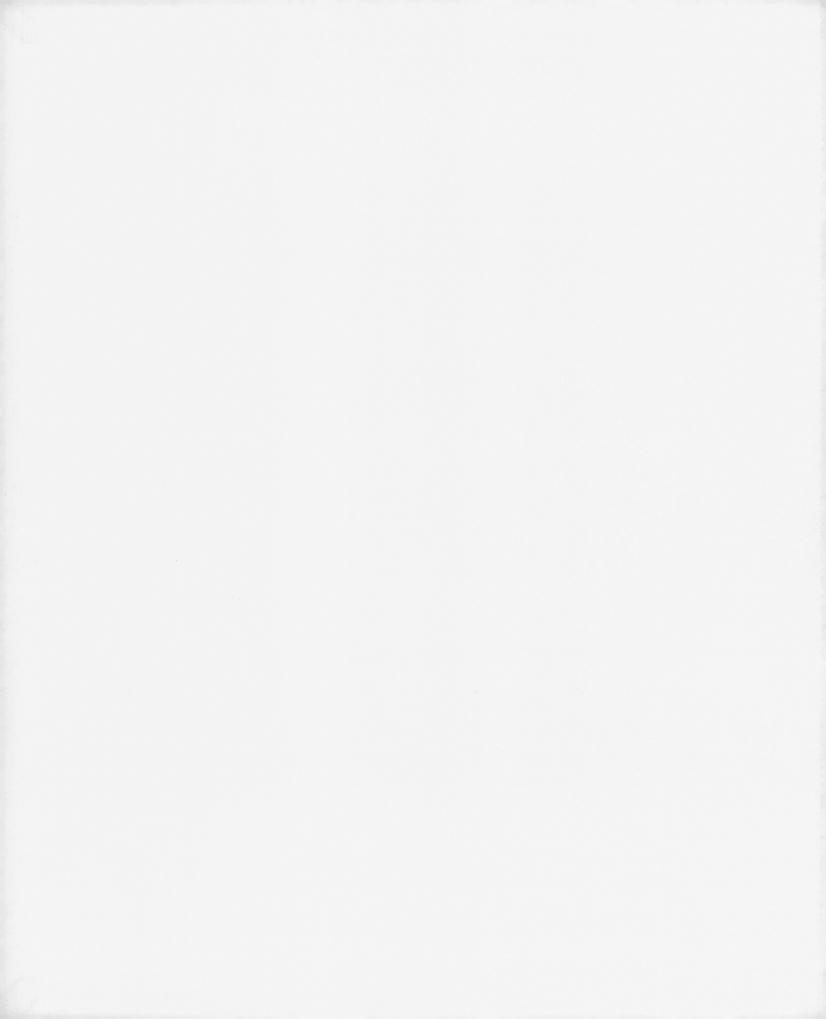

OLD ROCK

老石头

地球诞生以来的生命故事

[美]黛比·皮鲁蒂 著

祝星纯 译

花山文艺出版社
河北·石家庄

浪花朵朵

献给永远无忧无虑的杰克。

特别感谢拉里·莱姆克博士、莱西·诺尔斯博士，
愿意跟我分享他们的知识，
一起感受自然世界的魅力。

图书在版编目（CIP）数据

老石头 ：地球诞生以来的生命故事 ／（美）黛比·
皮鲁蒂著 ；祝星纯译. -- 石家庄 ：花山文艺出版社，
2021.9
ISBN 978-7-5511-5978-4

Ⅰ. ①老… Ⅱ. ①黛… ②祝… Ⅲ. ①地球科学－儿
童读物 Ⅳ. ①P-49

中国版本图书馆CIP数据核字(2021)第144420号

冀图登字：03-2021-069

OLD ROCK (IS NOT BORING) by Deb Pilutti
All rights reserved including the right of reproduction in whole or in part in any form.
This edition published by arrangement with G.P.Putnam's Sons, an imprint of
Penguin Young Readers Group, a division of Penguin Random House LLC.

本书中文简体版权归属于银杏树下（北京）图书有限责任公司

读者服务：reader@hinabook.com 188-1142-1266
投稿服务：onebook@hinabook.com 133-6631-2326
直销服务：buy@hinabook.com 133-6657-3072
官方微博：@浪花朵朵童书

书　　名：老石头：地球诞生以来的生命故事
LAO SHITOU DIQIU DANSHENG YILAI DE SHENGMING GUSHI
著　　者：[美] 黛比·皮鲁蒂
译　　者：祝星纯

选题策划：北京浪花朵朵文化传播有限公司
出版统筹：吴兴元
编辑统筹：冉华蓉
责任编辑：温学蕾
责任校对：李　伟
特约编辑：罗雨晴
美术编辑：胡彤亮
营销推广：ONEBOOK
装帧制造：墨白空间·闫献龙
出版发行：花山文艺出版社（邮政编码：050061）
　　　　　（河北省石家庄市友谊北大街330号）
印　　刷：天津图文方嘉印刷有限公司
经　　销：新华书店
开　　本：965 毫米 ×1194 毫米　1/16
印　　张：3
字　　数：34 千字
版　　次：2021 年 9 月第 1 版
　　　　　2021 年 9 月第 1 次印刷
书　　号：ISBN 978-7-5511-5978-4
定　　价：68.00 元

很早以前，

在松树林中的一片空地边儿上，

有块老石头一直待在那里，一动不动。

人们甚至不知道在更早之前，

他就已经待在那里了。

"当个石头看起来可真无聊。"高松树说。
"一天又一天，你只能坐在同一个地方。"瓢虫说。
"这里很好。"老石头说。

"难道你不想去别的地方吗？"
蜂鸟问道。

"我飞到过世界各地，品尝过异国花蜜。
如果我不会飞，那肯定会很无聊。"

"我也曾飞过一次。"老石头说。

"天哪!"高松树说。

"你是怎么办到的?"瓢虫问。

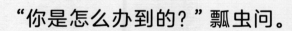

"石头根本不会飞。"蜂鸟说。

老石头告诉他们，
　　在最初的时候，
　　　　周围都是黑黢黢的……

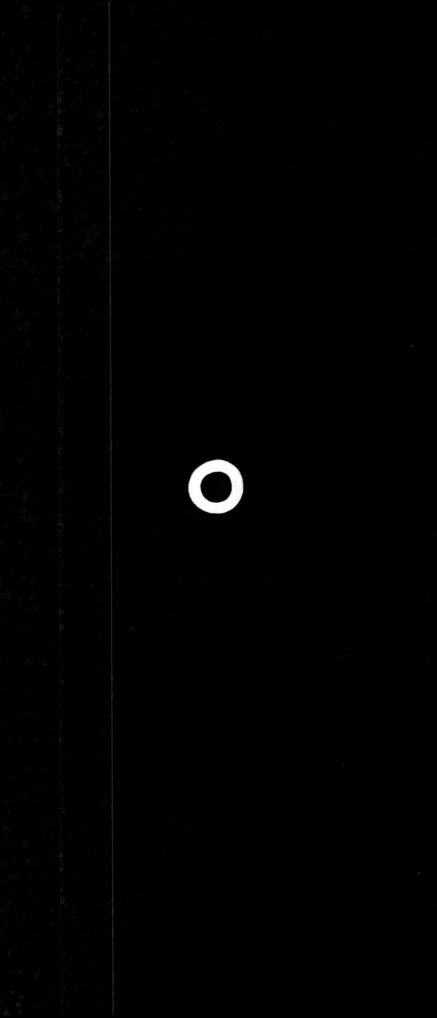

"然后，我从火山中喷发出来，
在燃烧的天空中翱翔，
来到一个充满亮光的新世界。"

"那也就一次嘛。"
蜂鸟说。

"现在你还不是待在这里。"
高松树说。

"一直无聊罢了。"瓢虫说。

"我不无聊。"老石头说。

"难道你不想去别的地方看看吗？"瓢虫问，

"当我爬到高松树的枝头上，
就能看到一只鹿鼠
在啃食近旁树上的种子，

还能看到轮船驶过广阔的湖泊。"

老石头说："我见过太多啦。"

老石头告诉他们，
　　曾经有一群还算友好的恐龙来过，
　　　　他们吃光了他眼前的每一片叶子。

时光流逝，物是人非，

整个世界也冷了下来。

但这还不算太坏，
因为老石头坐上冰川，
游览了整片陆地。

"当冰川融化，
　只剩我自己留在山上，
　　我望见远处天空触摸着大地。"

"我的天，你真是见多识广。"
瓢虫说。

"太不寻常了。"蜂鸟说。

"是的，但那是很久以前的事了。"
高松树说。

"你现在不觉得无聊吗？
难道你不想活动一下？
你看我的身体能在微风中轻轻摇摆，
大风一吹还能狂舞起来。"

"我确实不会跳舞，但我很会翻跟头。"
老石头说。

老石头接着说以前的事，
　　他在山腰上停留一阵子后，
　　　　地面开始隆隆作响……

"我跌跌撞撞地往下滚，

滚啊，

滚啊，

滚进了一个山谷里。"

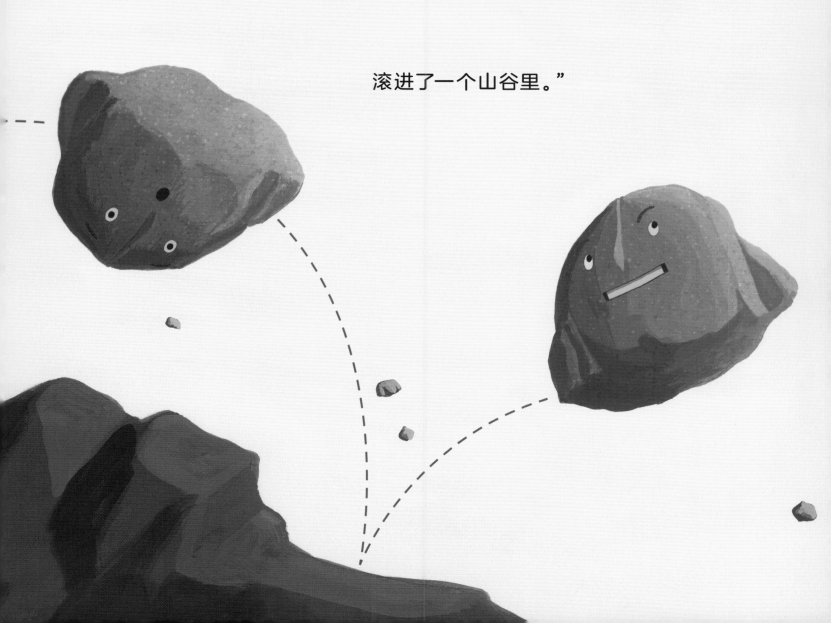

草木生长，乳齿象出没，湖泊形成。

"我从来都不知道石头还能这样活动！"
高松树说。

"真希望我也能看到那些风景。"
瓢虫说。

"然后呢？"蜂鸟问道。

"我周围长出一片松树林。
有一天，一阵强风把松果吹散了。
这些松果里面，
有一粒种子落到这片空地边儿上。

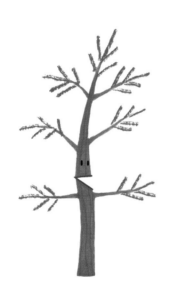

"我看着那棵小苗长成了高大的松树，
他喜欢在风中跳舞，
也一直陪伴在我身边。

"有时，一只瓢虫会来这里逛逛，
　　向我诉说看到的一切。

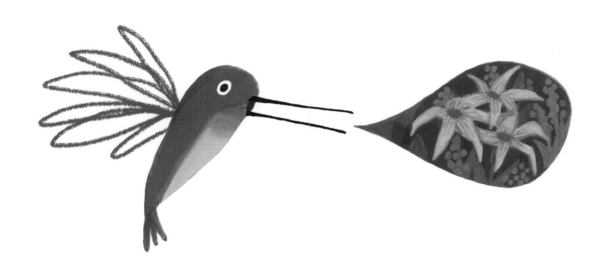

"而且，每隔一段时间，
　最可爱的蜂鸟就会
　　在长途飞行后停在这里休息，
　　　描述着她曾到过的神奇地方。"

"这里很好。"老石头说。

"是啊。"高松树说。

"非常好。"瓢虫说。

"一点儿也不无聊。"蜂鸟说。

18亿年前

老石头在地壳深处形成。

变质岩是在高温高压下形成的。变质岩的形成可能需要数百万年。

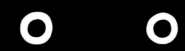

3亿年前

火山爆发,老石头冲天而起。

火山碎屑喷发时,气体、火山灰、岩石和熔岩块儿会一起喷射出来。

1.5亿年前

老石头与一只草食性恐龙聊天。

侏罗纪时期,开始出现大型蜥脚类恐龙,比如说腕龙。

6600万年前

老石头遇上了饥饿的霸王龙。

霸王龙生活在距今约6500万年前的白垩纪末期。

250万年前

老石头开始了它的冰川之旅。

在更新世时期,冰川覆盖了地球表面的大部分区域。

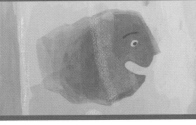

1.6万年前

冰川消退,留下老石头栖息在山脊上。

地球曾经历过好几次大冰期。

1.1万年前

乳齿象停在这里歇脚。

乳齿象在地球上游荡了近2300万年,大约在1.1万年前灭绝。

现如今

老石头,高松树,瓢虫和蜂鸟,聚在森林中间的空地边儿,一个很好的位置上。

他们一点儿也不无聊。